BIBLIOTHÈQUE DES PROFESSIONS INDUSTRIELLES ET AGRICOLES.
Série H. N° 52

RICHESSE DE L'AGRICULTURE

# GUIDE PRATIQUE
DE LA
# VIDANGE AGRICOLE
A L'USAGE DES
## AGRONOMES, PROPRIÉTAIRES ET FERMIERS

DESCRIPTION DE MOYENS FACILES, ÉCONOMIQUES, SALUBRES ET PRATIQUES DE RECUEILLIR, DE DÉSINFECTER ET D'EMPLOYER

## L'ENGRAIS HUMAIN

PAR

M. J.-H. TOUCHET
CHEF DE SERVICE A LA COMPAGNIE RICHER

19 FIGURES DANS LE TEXTE



PARIS
LIBRAIRIE SCIENTIFIQUE, INDUSTRIELLE ET AGRICOLE
Eugène LACROIX, Éditeur
LIBRAIRE DE LA SOCIÉTÉ DES INGÉNIEURS CIVILS
Quai Malaquais, 15
1864

# GUIDE PRATIQUE

DE LA

# VIDANGE AGRICOLE

SAINT-NICOLAS, PRÈS NANCY. — IMP. DE P. TRENEL.

BIBLIOTHÈQUE DES PROFESSIONS INDUSTRIELLES ET AGRICOLES
Série II. N° 52

RICHESSE DE L'AGRICULTURE

# GUIDE PRATIQUE
DE LA
# VIDANGE AGRICOLE
A L'USAGE DES
## AGRONOMES, PROPRIÉTAIRES ET FERMIERS

DESCRIPTION DE MOYENS FACILES, ÉCONOMIQUES, SALUBRES
ET PRATIQUES DE RECUEILLIR, DE DÉSINFECTER
ET D'EMPLOYER

## L'ENGRAIS HUMAIN

PAR

M. J.-E. TOUCHET

CHEF DE SERVICE A LA COMPAGNIE RICHER

19 FIGURES DANS LE TEXTE

PARIS
LIBRAIRIE SCIENTIFIQUE, INDUSTRIELLE ET AGRICOLE
**Eugène LACROIX, Éditeur**
LIBRAIRE DE LA SOCIÉTÉ DES INGÉNIEURS CIVILS
Quai Malaquais, 15
1864

# AVANT-PROPOS

Excepté l'excellent ouvrage de M. Paulet (1), il n'existe pas, que nous sachions, de traité pratique sur la vidange. Le Guide que nous offrons au public est spécialement destiné aux Agriculteurs ; mais nous avons essayé de le faire aussi complet que possible, afin qu'il puisse rendre quelques services aux Constructeurs, aux Entrepreneurs, aux Propriétaires ruraux, aux Fermiers, et à toutes les personnes que les questions de vidange, d'engrais et de salubrité intéressent.

Ce que nous disons sur la vidange et sur les différentes manières d'employer l'engrais humain, est le résumé des meilleures méthodes pratiquées actuellement, méthodes que l'on ne saurait trop faire connaître. Nous indiquons à tous les Agronomes, de la petite

(1) L'Engrais humain, 1 volume in-8° de 416 pages. Paris, 1858, E. Lacroix Prix : 6 francs.

et de la grande culture, des moyens simples et peu coûteux de se procurer de riches fumiers, de précieux engrais. Les matières fécales et les urines, cet or liquide pour le cultivateur, offrent infiniment plus de richesses que le fumier d'étable, ils sont pré- préférables au guano, qui coûte si cher, qui est bien souvent falsifié et qui peut manquer tout à fait ; il est donc d'une haute utilité de soigner cet engrais, afin d'en tirer les excellents résultats qu'il est susceptible de donner.

Ces questions, nouvelles à beaucoup d'égards, étant tout à fait à l'ordre du jour, nous croyons faire une chose utile en publiant ce petit volume, fruit d'une longue expérience personnelle, acquise dans la pratique (1).

(1) Nous rappelons ici que la *Société générale de vidange et d'engrais* (Richer et Cie) fournit avec empressement, et à titre gratuit, tous les renseignements qui lui sont demandés comme moyens d'exécution sur les questions que nous traitons ici.

# GUIDE PRATIQUE

DE LA

# VIDANGE AGRICOLE

## CHAPITRE Ier

**L'engrais humain. — Sa valeur agricole. — Préjugés contre les vidanges.**

La composition chimique des excréments humains n'est pas déterminée bien rigoureusement. Selon Berzélius, l'analyse des déjections solides d'un homme donne les éléments suivants :

| | | |
|---|---|---|
| 1° Débris des aliments. . . . . . . . | 7,0 | |
| 2° Bile. . . . . . . . . . . . . . . . . . | 0,9 | |
| 3° Albumine. . . . . . . . . . . . . . . | 0,9 | |
| 4° Matières extractives particulières. | 2,7 | |
| 5° Matière visqueuse, résine, résidus insolubles, matières animales indéterminées . . . . . . . . . . . . . | 14,0 | 100 |
| 6° Sels. . . . . . . . . . . . . . . . . . | 1,2 | |
| 7° Eau. . . . . . . . . . . . . . . . . . | 73,3 | |

Sous le rapport de la quantité de matières

produites par un individu, les données scientifiques ne sont guère plus précises; on conçoit, en effet, combien il est difficile d'avoir une moyenne satisfaisante à cet égard, la quantité de déjections variant selon la constitution, l'alimentation, les saisons, les climats, l'état de santé, etc.

Suivant M. Boussingault (1), ou plutôt, suivant les autorités citées par ce savant chimiste, la quantité d'excréments rendus en un jour par un homme serait :

| Humides. | Secs. | | |
|---|---|---|---|
| 165gr,0 | 44gr,5, | d'après | d'Alton. |
| 191 ,0 | 51 ,6, | » | Valentin. |
| 142 ,0 | 35 ,0, | » | Barral. |

Quant à la quantité d'urine rendue par un homme en 24 heures, elle serait en moyenne, d'après M. Rayer, de 1156 gr.

Il est reconnu dans l'industrie des vidanges, que la moyenne des déjections produites par un habitant de Paris, est d'environ trois décilitres de solides et douze décilitres d'urine, soit un litre et

(1) Économie rurale.

demi par 24 heures, non compris, bien entendu, les eaux de lavage. Or, si on tient compte de la densité de ces matières mixtes, supérieure à celle de l'eau distillée, on verra que cette appréciation pratique se rapproche sensiblement des données de la science.

Les matières jetées dans une fosse étanche s'y classent naturellement selon leurs différentes densités : les solides, ou *fortes matières*, restent au fond ; celles qui sont demi-liquides et qu'on appelle *bottelage*, forment la couche du milieu ; les urines et les eaux de lavage mélangées, qu'on nomme *eaux vannes*, ou simplement *liquides*, recouvrent le bottelage ; enfin, sur le tout surnage une croûte, plus ou moins épaisse, fourmillante d'insectes en quantité telle qu'il y en a quelquefois $0^m,25$ d'épaisseur, et même plus.

On comprendra sans peine que ces différentes sortes de matières ne se rencontrent jamais dans des proportions constantes, le rapport des fortes matières aux liquides étant en raison de la quantité d'eau de lavage jetée dans la fosse, quantité variable selon les localités et les habitudes des locataires.

Dans les fosses qui perdent les eaux vannes, il n'y a que des fortes matières, dont la consistance varie entre celle d'un terreau noir presque sans odeur, et une pâte plus ou moins consistante, dont les émanations sont on ne peut plus incommodes.

La valeur fertilisante des matières de vidange varie extrêmement, ce qu'il est facile de concevoir, leur richesse étant en raison de leur *pureté* d'abord, et ensuite de leur provenance ; on a trouvé, à l'analyse, des différences notables entre les produits d'une caserne et ceux d'un grand restaurant de Paris (1).

La puissance agricole des matières fécales, solides et liquides, est connue

(1) Paulet, l'Engrais humain. Paris, in-8°.

depuis la plus haute antiquité (1) ; il est permis de croire que la célèbre prophétie d'Ezéchiel, dont se gaussait tant Voltaire (2), ne faisait que rappeler aux Hébreux une ancienne loi de Moïse, négligée au détriment de l'agriculture. Cette loi, un grand penseur de notre époque, Pierre Leroux, l'a jugée si importante, qu'elle lui a fourni la base de son système économique connu sous le nom de *Circulus*. Nous avons été témoin, il y a une vingtaine d'années, des expériences remarquables faites à Boussac (Creuse), avec l'engrais humain, sur une petite terre de quelques hectares ; les travaux de notre illustre ami n'ont pas été stériles, puisque son système a été admis depuis par des hommes pratiques. Cependant, les engrais de vidange sont négligés encore à peu près partout en France, le Nord, le Var et quelques rares localités

(1) Paulet, l'Engrais humain. Paris, in-8°.

(2) Ezéchiel, ch. IV, v. 12 à 17. Voyez aussi le Dictionnaire philosophique, art. Ezéchiel.

exceptés ; mais, de toutes parts, on commence à s'en occuper sérieusement, si nous en jugeons par les nombreuses demandes de renseignements qui nous sont adressées, et auxquelles nous désirons répondre en une seule fois en publiant ce volume.

Les chimistes et les agriculteurs éclairés déplorent le gaspillage des vidanges, qu'ils placent au premier rang des engrais sous le rapport des principes fertilisants ; toutes les autorités sont d'accord pour proclamer la valeur incontestable des déjections humaines et pour en déplorer la perte ; nous prenons au hasard quelques citations d'auteurs bien connus :

« Il n'est pas douteux, dit M. Malaguti (1), que les grands progrès de l'agriculture du nord de la France, et que les magnifiques et productives cultures qui font l'orgueil de cette contrée, ne soient dus à l'emploi de l'engrais humain.

(1) Chimie appliquée à l'agriculture.

» Les déjections de l'homme sont un des agents les plus riches dont dispose le cultivateur (1).

» Les excréments humains, l'expérience agricole le confirme, sont au nombre des engrais les plus riches (2).

» On ne conçoit pas que l'exemple du bon effet de cet engrais n'ait pas encore déterminé l'emploi général, en agriculture, des matières fécales, qu'on laisse perdre presque sur tous les points de la France (3).

» Nul engrais n'est plus approprié que l'urine à la fertilisation des prairies; c'est méconnaître les vues de la Providence que de le gaspiller comme nous le faisons (4). »

On peut consulter au surplus les travaux de Liébig, Boussingault, Payen, Dumas, Barral, etc., etc.

Ces engrais sont si puissants, en effet,

(1) Darcet.

(2) De Gasparin, cours d'Agriculture.

(3) Pelouze et Frémy, Chimie organique.

(4) Malaguti, cours d'Agriculture.

qu'on a pu dire d'eux qu'ils brûlent les plantes et que leur action a une certaine analogie avec celle du vin, qui est bienfaisante ou mortelle, selon l'usage qu'on sait en faire.

On voit par ce qui précède, que la haute valeur agricole des vidanges est incontestable; mais pourquoi leur emploi est-il si limité ? Pourquoi les cultivateurs, qui sont après tout aussi sensibles que d'autres au langage des faits, et qui entendent très-bien leurs intérêts, pourquoi, disons-nous, négligent-ils ces fumiers ? Cette question n'a pas été approfondie avec tout le soin qu'elle mérite. Nous croyons fermement que ce fait, déplorable à tout égard, est causé principalement par des préjugés absurdes, mais très-enracinés, entre autre cette opinion qui ne vaut même pas la peine d'être discutée, tant elle est erronée, que les matières fécales brûlent les plantes ou qu'elles leur communiquent un arrière-goût désagréable.

Les autres préjugés, qui nuisent à l'emploi des engrais humains, sont, d'abord, l'idée fausse qu'ils sont insalubres, puis, surtout, le dégoût puéril qu'ils inspirent. Nous démontrerons dans le cours de ce traité l'absurdité de ces idées préconçues.

## CHAPITRE II.

**Innocuité des matières de vidange.—Leur emploi actuel. — Résultats magnifiques. — Outillage simplifié. — Fumure d'un hectare.**

Ce qu'on appelle insalubrité est le résultat de plusieurs causes qui, réunies ou séparées, constituent un milieu morbide pour les hommes, les animaux ou les plantes; ainsi, l'humidité, le défaut de lumière, d'espace, la présence de certains gaz, ou *miasmes*, constituent l'insalubrité.

Une grande ville est toujours plus ou moins insalubre. De petites villes, des bourgs et même des hameaux, peuvent, cependant, se trouver situés dans de mauvaises conditions hygiéniques. M. Malaguti (1) a remarqué que les lieux où règne la *malaria* sont ordinairement exempts de mauvaise odeur, et qu'au contraire, un nombre assez considérable d'hommes

(1) Chimie appliquée à l'agriculture.

vivant habituellement au milieu de matières organiques en décomposition, jouissent d'une santé parfaite. Nous allons voir que les faits donnent pleinement raison à ce chimiste, en ce qui concerne les vidanges. En effet, la preuve que les émanations des fosses ne sont pas malsaines, c'est l'état de santé florissant et la vigueur remarquable des ouvriers vidangeurs de Paris ; cependant, ces hommes manipulent chaque nuit des quantités énormes de matières, et remarquons que le travail de nuit est déjà anormal ; il en est de même des ouvriers employés à la vidange des fosses mobiles et de ceux qui fabriquent les poudrettes ; ces derniers vivent au milieu des matières, les étendent, les pulvérisent, les respirent sous toutes les formes et n'en sont pas incommodés. On a même remarqué que dans les temps d'épidémie, ces ouvriers n'étaient pas atteints par la contagion. La mortalité dans les quartiers de Paris, voisins des dépotoirs ou des voiries, n'est pas plus grande qu'ailleurs, et les maladies n'y sont pas plus fréquentes.

Le seul danger auquel sont exposés les vidangeurs, c'est celui d'être asphyxiés par l'hydrogène sulfuré, ou l'acide carbonique, appelé vulgairement *le plomb ;* mais ce cas, heureusement très-rare, peut toujours être évité au moyen des précautions que nous indiquons plus loin. Les gaz des fosses agissent comme foudroyants et non à la manière des miasmes qui sont considérés, en général, comme des espèces de poisons lents.

L'hydrogène sulfuré existe rarement dans une fosse en quantité suffisante pour donner la mort ; nous avons des raisons de croire que les accidents, quand il s'en produit, sont surtout causés par le gaz acide carbonique qui s'y dégage, surtout après de copieuses désinfections contenant un excès d'acide.

Nous n'insisterons pas davantage sur ce point ; nous croyons que les faits que nous citons, faits que chacun peut vérifier, prouvent d'une façon plus que suffisante l'innocuité de la vidange des fosses ; donc, les matières qui en proviennent peuvent être manipulées et employées sans danger pour la santé publique.

Cet emploi peut se faire de diverses manières et avec facilité : on peut en faire des composts, comme dans le Midi, ou l'employer liquide, comme dans le Nord. Le cultivateur doit, à cet égard, consulter son intérêt et prendre conseil de l'expérience. Aux fermes impériales de Fouilleuse et de Vincennes, la vidange est employée *verte;* elle a donné des résultats véritablement surprenants ; les terres de Vincennes sont aujourd'hui dans un état de prospérité tel, que des nombreux troupeaux de vaches trouvent une ample nourriture dans ces grasses et fertiles prairies, qui ont remplacé la plaine nue et aride qui existait il y a quelques années à peine. Ces résultats ont été obtenus principalement par des arrosages de vidange.

M. Jaquesson, de la maison si connue pour ses vins de Champagne, a transformé, près de Châlons, des landes arides en des terres magnifiques au moyen des vidanges.

M. Besqueux, de Trédion, près de Vannes (Morbihan), imagina de faire mêler les déjections des ouvriers de son usine métallurgique, avec des résidus inertes, provenant du moulage de sa fonderie, des sables, argiles, etc. ; il fit répandre ce compost sur des prairies médiocres, la récolte de foin fut quadruplée ; la quantité d'engrais devenant embarrassante, M. Besqueux en vend à ses voisins, qui n'en ont pas autant qu'ils en voudraient (1).

Les expériences faites par M. Moll, à la ferme de Vaujours, près de Bondy (Seine), pour l'application des liquides de vidange par le système tubulaire, donnent aussi

(1) Nous tenons ce fait de l'honorable M. Fourneyron, ingénieur éminent.

des résultats concluants, consignés dans une brochure annuelle qu'on peut consulter avec fruit; celle de 1860 (5$^{e}$ année) contient un rapport du Comice agricole de l'arrondissement de Lille, en réponse à une série de questions qui lui ont été adressées par M. Huet, ingénieur des ponts et chaussées, délégué par le Conseil municipal de Paris, pour obtenir des renseignements sur l'emploi des vidanges par l'agriculture. Cette brochure contient aussi une étude sur l'assainissement, au moyen de la restitution des déjections au sol, par M. Mille, ingénieur des ponts et chaussées, documents trop peu connus, que nous citons ci-après :

« L'engrais humain est employé liquide dans tout le Nord, les cultivateurs vont le chercher à la ville à temps perdu, il est emmagasiné dans des citernes de 50 à 200 mètres cubes, construites au bord des routes à proximité des champs. On le distribue sur les terres par les temps de gelée ou par un temps sec, qui permette le roulage sur les champs. Il vaut mieux fumer avant d'ensemencer ; quand les vidanges sont répandues sur des plantes en pleine végétation, elles poussent trop au vert. Répandues sur des prairies humides, elles détruisent les plantes nuisibles.

» L'engrais humain convient à toutes les terres et à toutes les cultures ; son abus est nuisible. Souvent on sauve une récolte languissante avec un faible arrosage de vidange liquide. Les plantes, qui en absorbent le plus, sont : le tabac, la betterave fourragère, les prairies naturelles, le colza, les choux et les pommes de terre. Dans tout le Nord, on emploie la vidange liquide à profusion pour la culture maraîchère, dont les produits ne le cèdent en rien à ceux des autres pays (1). »

L'engrais humain employé liquide doit être étendu d'eau dans une proportion de

(1) Annales de Vaujours, 1860.

3 à 5 fois son volume et même beaucoup plus, selon sa force présumée ; c'est une affaire d'expérience ; quant à l'outillage nécessaire au cultivateur pour cet emploi, c'est à lui de le créer suivant ses ressources et son intelligence ; des futailles, des baquets, des écopes, peuvent suffire pour une petite exploitation ; des baquets, des seaux, des arrosoirs sans pomme sont suffisants pour un maraîcher qui fume, comme dans le Nord, en versant la vidange au pied de chaque plante dans une rigole autour de la racine ; cette opération, qui se nomme *apatelage*, produit des effets merveilleux sur les choux-fleurs qu'on fume ainsi avec un ou deux litres de vidange.

Pour une exploitation un peu étendue, outre l'emploi de l'écope, on peut se servir de tonneaux d'arrosage ordinaires ou de pompes, avec des tuyaux et des lances pour distribuer la vidange liquide ; mais, si l'engrais est mélangé de débris de pailles, papiers ou autres corps étrangers, la tubulure de décharge du tonneau doit être assez large ; l'engrais est reçu sur un champignon, disposition qui produit un jet arrondi en gerbe comme dans la fig. 1.

Fig. 1.

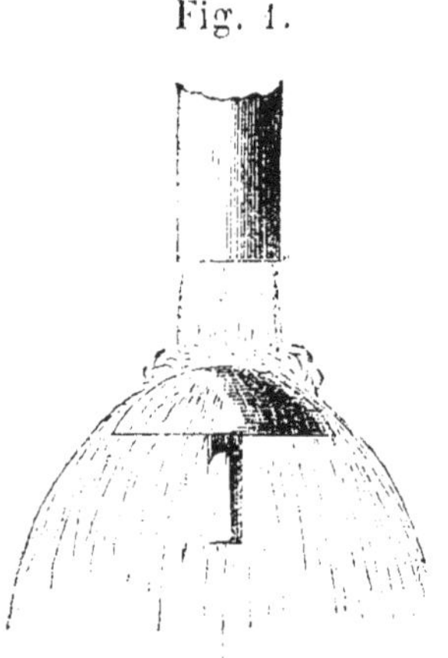

Une exploitation importante pourra toujours employer les procédés économiques et avoir un outillage perfectionné ; la grande affaire n'est pas là ; nous passons donc sur ce sujet, qui demanderait trop de développements.

La quantité de vidange liquide, nécessaire pour fumer un hectare, est de

16 mèt. cubes pour le blé, 50 à 60 mèt. cubes pour les betteraves fourragères, 20 à 30 mèt. cubes pour les pommes de terre, le mieux est de fumer modérément (1). Ces chiffres seraient d'une grande exagération, si la vidange était pure.

(1) Annales de Vaujours, 1860.

## CHAPITRE III.

**Les fleurs et l'engrais humain. — Dégoût puéril. — Malpropreté, incurie générale. — Règlements sanitaires. — Appel aux hommes éclairés.**

Les fumiers sont la base de l'agriculture, c'est là une vérité banale. La saveur d'un fruit, le parfum d'une fleur sont, à beaucoup d'égards, les produits du fumier.

Quoi de plus admiré par les poètes que la pureté du lys ? Et qui produit le lys, sinon du fumier ? Les essences de Grasse (Var), si recherchées pour la parfumerie, sont tirées de fleurs cultivées avec des matières fécales.

« Peu de personnes savent que sous le beau ciel de Nice, les vignes, les orangers, les plants de violettes, etc., sont fumés par nos nouveaux compatriotes avec des vidanges, ce qui n'empêche pas leur raisin d'être excellent, leurs oranges exquises, leurs violettes de Parme de faire les délices des élégantes et de parfumer leurs boudoirs en hiver (1). »

Cependant, le préjugé le plus répandu et qui fait, selon nous, le plus de tort à l'emploi agricole des vidanges, c'est une répugnance générale ; on a une espèce de dégoût non raisonné pour tout ce qui touche, de près ou de loin, au travail des déjections humaines qu'on laisse perdre ; cependant, nos grands agriculteurs et nos grands chimistes n'ont pas dédaigné de s'occuper de cette question capitale ; mais nous ne pouvons nous empêcher de déplorer un préjugé qui, poussé à l'absurde, produit d'aussi tristes résultats, et nous pensons que tout agriculteur, non-seulement ne doit pas dédaigner de s'occuper de récolter et d'utiliser ces engrais, mais que c'est encore son plus grand intérêt de le faire et d'en propager l'usage, dans l'intérêt général.

Nous croyons donc que le bon sens

(1) Annales de Vaujours, 1860, rapport du Comice agricole de Lille.

public fera justice de tous ces préjugés entretenus, il faut bien le dire, par une négligence impardonnable de la propreté la plus élémentaire.

Dans une foule de maisons, non-seulement à la campagne, mais dans les villes, les siéges d'aisance manquent absolument ; les habitants souillent la voie publique, les endroits écartés, souvent même les abords des édifices les plus respectables ; cette malpropreté serait facile à détruire, si chacun exécutait ponctuellement certains réglements de police urbaine. Chaque propriétaire de la ville, du bourg ou du hameau, devrait construire dans sa maison des *privés*, dont l'importance sera en rapport avec le nombre des habitants. De plus, on devrait encourager, sur les points les plus convenables des villes et bourgs, l'établissement de cabinets publics et d'urinoirs, construits par les soins d'entreprises industrielles ou agricoles, ainsi que cela se pratique dans les grandes villes.

Dans les maisons où il existe des privés, les fosses sont la plupart du temps établies d'une façon déplorable; si elles sont en maçonnerie, les murs en sont hourdés imparfaitement, ou bien ils sont munis de barbacanes qui laissent perdre les liquides, afin d'éviter l'ennui ou la dépense de la vidange; fréquemment, les fosses sont de simples futailles bloquées dans la terre, ces futailles pourrissent vite et perdent aussi les liquides; quelquefois, la fosse est un simple trou creusé dans la terre.

Toutes ces dispositions sont absolument mauvaises, contraires à l'hygiène et nuisibles aux grands intérêts de l'agriculture; elles ne devraient être tolérées dans aucune localité. Les liquides qui filtrent ainsi à travers les terres, infectent le sous-sol, empoisonnent les eaux et occasionnent souvent des tassements aux constructions voisines, dont la solidité peut même s'en trouver compromise.

Nous le repétons, les réglements sanitaires ne devraient tolérer nulle part une maison, même isolée, sans une fosse étanche, fixe ou mobile; ils devraient prescrire pour ces fosses, ainsi que pour la construction des cabinets et des siéges communs, tout ce que la propreté et la salubrité exigent; il est de toute évidence que des cours, des allées, des ruisseaux, etc., infectés d'urines ou de matières peuvent devenir, dans certaines circonstances, une cause d'empoisonnement et sont toujours, pour le moins, un voisinage fort incommode.

Il nous semble que rien ne serait plus facile pour les mairies que de prendre des arrêtés dans ce sens, et qu'il ne serait pas difficile de modifier les vieilles coutumes. On pourrait prendre partout pour modèle les excellents réglements de l'édilité Parisienne, et répandre ainsi les habitudes de propreté, véritable cachet de la civilisation.

La vidange des fosses fixes ou mobiles peut être laissée libre sous certaines conditions, telles que celles d'être munies de récipients clos, étanches et des agrès et personnel nécessaires ; enfin, de ne faire le curage des fosses que la nuit, quand il ne serait pas possible de les désinfecter ou de les vider à la pompe.

Que les hommes véritablement éclairés et jaloux du bien public prennent l'engrais humain sous leur patronage, que les membres des Comices agricoles, en employant cet engrais sur leurs terres, donnent à leurs discours la consécration de l'exemple, alors le voisin, plongé dans la routine, reconnaîtra bientôt son tort, en voyant les résultats magnifiques de l'emploi de l'engrais humain, la belle venue des récoltes de ceux qui l'auront employé et leur fortune rapide. Que l'on ne craigne pas l'abord et même le contact de ce fumier plus que de tout autre, rien ne justifie l'horreur véritablement puérile qu'il inspire. Enfin, que les hommes influents ne cessent de demander la révision des lois sur les établissements insalubres, en ce qui concerne cette question, et que l'on donne toutes les facilités possibles aux industriels, qui manipulent les vidanges destinées à l'agriculture, et il y aurait un grand progrès de fait pour la richesse de nos campagnes.

## CHAPITRE IV.

**L'industrie des vidanges. — Systèmes anglais et français. — Désinfection des matières fécales.**

On appelait autrefois les ouvriers vidangeurs maîtres des basses œuvres, fifis, gadouards, cureurs de retraits, etc. (1); ils avaient des mœurs et des coutumes particulières; ce sont actuellement, à Paris, des ouvriers actifs, rangés et relativement sobres; beaucoup sont mariés et pères de famille, il y en a de fort intelligents. Les journaux ont souvent cité des traits remarquables de leur courage, sur les travaux et les services qu'ils ont rendus dans des incendies au moyen de leur puissant outillage.

On reproche parfois à l'industrie des vidanges de conserver des procédés barbares, arriérés, peu en rapport avec les

(1) Paulet, l'Engrais humain.

progrès de l'industrie ; mais comment, une fosse étant donnée, en extraire sans bruit, sans odeur, les matières, puis les transporter, et tout cela à peu de frais ? La vérité est que la chose n'est pas facile. De nombreux systèmes ont été employés tour à tour, puis abandonnés ; mais l'on peut dire que l'on est arrivé à obtenir, surtout dans ces dernières années, de bons résultats, et qu'il y a eu de grands progrès réalisés dans les moyens employés pour l'extraction des vidanges. Entre beaucoup de systèmes, nous parlerons ici des deux principaux qui sont actuellement le plus en usage dans la ville de Paris : le premier, qu'on pourrait appeler le *système anglais*, consiste à écouler les matières liquides à l'égout, quitte à les reprendre ensuite à Asnières, où elles sont entraînées avec le flot (1) de l'égout collecteur, et à les distribuer ensuite par des tuyaux sur les

(1) Ce flot serait, d'après M. Mille, d'un mètre cube par seconde ; c'est un excellent engrais. Annales de Vaujours, 1860.

terres à fertiliser. Ce système est soutenu par des hommes éminents, il est combattu par d'autres avec des objections considérables.

Le second système, auquel on pourrait donner le nom de *système français*, n'est autre chose que l'extraction, sur place, par des moyens plus ou moins perfectionnés. Nous n'avons pas à nous prononcer sur la valeur de l'un et de l'autre de ces systèmes ; nous ferons, cependant, observer que le premier demande des travaux d'art considérables, et ne nous paraît applicable, en partie, que dans les grandes villes. Il s'écoulera, en tous cas, un certain temps avant que les conseils municipaux, ou, à leur défaut, des compagnies, puissent appliquer des capitaux suffisants à ces travaux ; et, par conséquent, avant que la culture puisse en profiter.

L'intérêt général nous semble donc être de courir au plus pressé, en employant immédiatement, et aux moindres frais possibles, les ressources immenses qui sont à notre disposition, et que nous laissons perdre par ignorance, par un dégoût ridicule ou par une incurie des plus blâmables.

Nous n'indiquerons aux cultivateurs que des procédés qui sont à leur portée ; ces procédés, inventés ou perfectionnés par MM. Domange, Huguin, Paulet, Richer et autres praticiens distingués, sont et seront employés longtemps encore ; aussi longtemps du moins que les villes et les maisons seront ce qu'elles sont sous le rapport des distributions.

Un des bons procédés du système actuel, c'est la désinfection préalable des matières, quand elle est possible ; si nous disons quand elle est possible, c'est que nous savons par expérience que cette désinfection ne l'est pas toujours ; nous allons en indiquer les causes.

On sait que certaines substances, notamment les sels métalliques, décomposent les matières fécales ; la chaux, le chlore, le charbon, etc., etc., ont été tour à tour employés ou recommandés par les chimistes qui se sont occupés de désinfection ; mais, quels que soient les résultats obtenus dans les laboratoires ou même sur des quantités assez grandes de matières à désinfecter, il n'en est pas moins vrai que les procédés recommandés comme les meilleurs ne réussissent pas toujours, ou bien ils présentent divers inconvénients dans la pratique. La forme de la fosse, souvent irrégulière; la position du trou d'extraction, situé le plus souvent dans un angle ou à l'extrémité de cette fosse; la hauteur de la cheminée (nous sommes descendu dans des fosses par des cheminées de 7 à 8 mètres); l'abondance des matières solides par rapport à la partie liquide, sont autant de causes qui, en mettant obstacle au brassage complet de la matière et du désinfectant, empêchent, plus ou moins, ce dernier de produire l'effet que l'on attend de lui.

La fosse ne doit pas être trop grande,

elle ne doit pas non plus être remplie entièrement pour que la désinfection se fasse complétement et avec succès.

La poudre de charbon, même celle provenant de tourbes, n'est pas d'un emploi industriel pour la vidange ; il faudrait environ 3 hectolitres de cette poudre par mètre cube de matières fortes ; le mélange, qui doit toujours être bien intime, serait d'une grande difficulté dans la plupart des fosses ; il demanderait en tout cas beaucoup de temps et d'efforts : le prix de revient d'une telle opération serait impossible à prévoir, et le résultat souvent incomplet.

Le chlore ou la chaux ne peuvent pas non plus être employés avec avantage ; ces corps, mis en présence des matières, déterminent le dégagement d'une grande quantité d'ammoniaque, le travail d'extraction devient d'une difficulté extrême au milieu des vapeurs épaisses qui agissent sur la vue et la respiration ; de plus, la déperdition de l'azote est, dit-on, un dommage pour l'agriculture.

Nous ne nous arrêterons pas au plâtre, au goudron, au savon ou même à l'huile, proposés ou préconisés par les chimistes ou des agriculteurs préoccupés plus que de raison par l'infection et la prétendue insalubrité des vidanges.

Le désinfectant le plus à la portée des cultivateurs, c'est le sulfate de fer, couperose verte du commerce, pulvérisé et dissous dans l'eau pure ou aiguisée avec un acide. Plus cette dissolution est concentrée, meilleure elle est. La quantité nécessaire pour désinfecter un mètre cube de vidange est variable, suivant la plus ou moins grande infection; la moyenne est d'environ 6 kilog. Pour désinfecter des eaux vannes, 2 ou 3 kilog. suffiraient. Ce désinfectant noircit les matières.

Les sulfates de manganèse ou de zinc sont d'un prix plus élevé que la couperose verte, et généralement plus difficiles à se procurer dans les campagnes. On attribue une action nuisible pour les plantes à la présence de sels de zinc dans les fumiers ; une action bienfaisante serait produite, au contraire, par les sels de fer. La question est assez controversée : ce serait, en tous cas, une affaire de dosage.

On fabrique à Paris les désinfectants en grand avec des acides et des sels métalliques ; chaque entrepreneur a son procédé, dont il fait plus ou moins mystère, et qui, en définitive, se réduit toujours à une dissolution plus ou moins économique. Une exploitation agricole, même d'une certaine étendue, n'a pas besoin de grandes quantités de désinfectant ; on peut en fabriquer au fur et à mesure des besoins, par les moyens que nous indiquons, en évitant de prendre des acides en trop grande quantité, soit au plus 1/10 de l'eau employée. Si le désinfectant contenait trop d'acide, son action sur les fortes matières pourrait produire un certain dégagement d'acide carbonique et l'effervescence qui aurait lieu sur les eaux vannes produirait aussi des mousses abondantes, qui sont une cause d'embarras. On peut prendre, pour la désinfection, des acides sulfuriques, dont le prix est peu élevé.

La plupart des cas d'asphyxie qui se produisent dans les fosses sont dus, nous le répétons, au gaz acide carbonique, dégagé souvent par les acides de la désinfection. Ce gaz est d'autant plus perfide, qu'étant plus lourd que l'air, il reste au fond des fosses, de sorte que c'est en se baissant que les ouvriers en ressentent les atteintes.

En résumé, pour bien désinfecter les matières d'une fosse, il faut une quantité variable de désinfectant, suivant l'état de ces matières ; il faut aussi que le tout soit bien brassé, alors l'action est instantanée à peu près. Les fosses doivent être arrondies aux angles, pas trop grandes, et avoir leur trou d'extraction au centre, toutes conditions que l'on trouve rarement réunies, et qui sont, cependant, essentielles pour le bon succès des opérations de vidange.

## CHAPITRE V.

**Récolte de l'engrais dans les maisons isolées, les fermes, les écoles, les usines, etc. — Fosses rustiques. — Vidange dans les villages, les bourgs, les petites villes et des centres plus populeux.**

Un bon fabricant d'engrais, un bon cultivateur, doivent s'occuper d'utiliser leur vidange, et ils obtiendront ainsi des avantages sérieux. Comme nous écrivons surtout pour l'agriculteur, nous indiquerons spécialement les procédés qu'il peut appliquer lui-même ou à l'aide de son personnel ; nous lui donnerons le détail et la description de l'outillage approprié, peu dispendieux, quoique suffisant, qui lui est nécessaire pour faire exécuter le travail.

La première chose à faire est de recueillir les déjections de la maison ou de la ferme.

On ménage, au rez-de-chaussée, l'endroit destiné à construire la fosse ; on fait une petite fouille de 1 mètre cube, on établit ensuite, au pourtour de cette fosse, une maçonnerie grossière, ou simplement des pieux pour retenir la terre. Au fond du trou, on pose deux traverses en bois, destinées à recevoir un récipient et à l'isoler de l'humidité du fond ; dans le trou, sur ces traverses, on place le récipient, qui est une tinette cylindrique en zinc n° 18 cerclée en fer, en haut et en bas, et munie de poignées latérales (voyez fig. 13, p. 66). On ferme ensuite le trou de fosse par un siége plat, à raz du sol ; ce siége, en planches, est une trappe carrée percée d'un trou dans l'axe de la tinette et garnie de zinc formant pente vers le trou de lunette ; par-dessus le tout, on pose une petite guérite en clayonnage de genêts, ou autres menues branches, avec une porte de même.

Pour vider cette fosse rustique, il suffit d'enlever la guérite légère, de déplacer la trappe, formant siége, de passer dans les anses ou poignées de la tinette, une corde dans laquelle on passe ensuite une perche, dont deux hommes prennent chacun un bout. Ils vont dépoter la tinette sur le fumier de la maison, dans la fosse à purin, ou enfin à l'endroit désigné. Ils nettoient parfaitement la tinette et ils la remettent en place.

Une tinette d'un hectolitre et la garniture du siége, telles que nous les indiquons, reviennent à 15 ou 20 fr.; le reste de l'installation peut être fait à temps perdu, presque sans frais. Pour désinfecter cette fosse, il suffit de mettre au fond de la tinette 2 ou 300 grammes de sulfate de fer en poudre et d'en remettre encore autant, quand elle est pleine aux trois-quarts.

Il est évident que deux, ou un plus grand nombre de ces petites fosses mobiles, peuvent être établies dans une exploitation, suivant l'étendue, la disposition des bâtiments ou l'importance du personnel. Cette disposition convient très-bien pour de petits ménages ou même pour une école rurale.

Dans les villages, on devrait établir, dans les endroits les plus convenables, des fosses à ciel ouvert de 2 à 3 mètres de longueur sur 1 mètre de largeur et 2 mètres de profondeur ; on recouvrirait ces fosses, construites en maçonnerie étanche, avec des siéges et des guérites dans le genre de ceux que nous venons d'indiquer, mais un peu plus solides. On étendrait dans le fond de ces fosses, sur le radier, des boues sèches, de la terre, des feuilles, etc., sur une épaisseur de quelques décimètres ; puis, quand cette première couche serait bien imprégnée de matières, on en ajouterait une autre, et ainsi de suite jusqu'à plénitude. La vidange des fosses absorbantes de cette nature peut se faire au tombereau, en plein jour ; bien entretenues, elles sont à peu près inodores. Dans les villages du département du Var, on n'a pas d'autre système, et, malgré la chaleur du climat et le peu de soin qu'on donne à ces fosses, les matières sont enlevées à dos d'âne ou de mulet sans inconvénient sensible.

Ces fosses absorbantes peuvent très-bien s'appliquer aussi dans les écoles rurales, les usines et les endroits fréquentés par de nombreuses personnes, à la condition que l'air et l'espace ne fassent pas défaut.

Dans les centres un peu populeux, dans une petite ville ou même un chef-lieu de 12 à 15,000 habitants, le meilleur moyen de recueillir les vidanges sans pertes et aux moindres frais, c'est encore la vieille méthode des fosses fixes, mais étanches et construites de la façon indiquée ci-après; on pourra toujours, avec la tolérance de l'autorité, établir dans les faubourgs des fosses rustiques, telles que celle que nous venons d'indiquer.

Les fig. 2 et 3 sont le plan et la coupe transversale d'une fosse fixe de 7 mètres cubes environ de capacité; il peut être dangereux pour les ouvriers de les faire plus petites; mais on peut leur donner plus de capacité, selon les convenances. Les cotes sous clef et celles de l'ouverture sont réglementaires à Paris, où il en existe un très-grand nombre, presque toutes les maisons en étant pourvues.

Fig. 2.

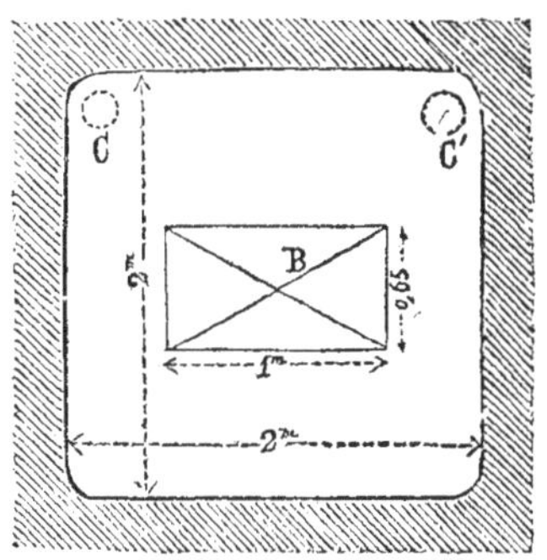


Pour que ces fosses soient étanches, elles doivent être construites sur les six faces en meulière ou en bon moellon hourdé à bain de mortier de chaux hydraulique. On emploie souvent du béton pour le radier ou massif D; l'enduit intérieur, en ciment romain, doit avoir 27 à 30 millimètres d'épaisseur, être bien lisse et arrondi aux angles. Le trou d'extraction, ou cheminée A, doit être placé au centre, autant que possible ; il porte à sa partie supérieure le tampon B, reposant dans les feuillures d'un châssis également en pierre dure. Ce tampon doit être placé de préférence en dehors des habitations, dans un jardin, une cour ou une allée. La chute C, en fonte, ou même en poterie, doit déboucher au niveau de la clef de voûte, et non plus bas, de peur que les matières ne refluent jusque dans les siéges et pour éviter des explosions.

Fig. 3.

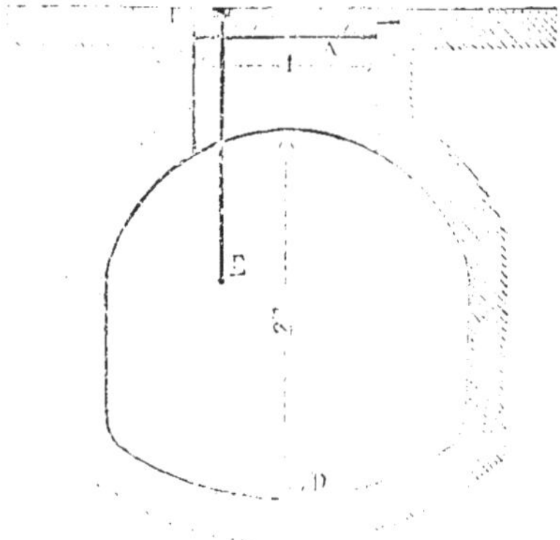

Le ventilateur est un tuyau en poterie de $0^m,25$ de diamètre, qui s'élève jusqu'au toit de la maison, au niveau des souches de cheminées. Ces fosses, bien établies, durent indéfiniment sans avoir besoin de réparations.

Les frères Coignet, de Paris, ingénieurs distingués, construisent avec un pisé de leur invention, qu'ils appelent du *béton aggloméré* (1), des fosses, des égouts, et même des maisons entières ; ce béton, qui devient en peu de temps aussi dur que de la roche, est d'un prix inférieur à celui de la maçonnerie. Des fosses que nous avons eu occasion de faire construire avec le béton des frères Coignet, il y a quelques années, se sont on ne peut mieux comportées à l'usage ; il en est de même des égouts que ces ingénieurs ont construits pour la Ville de Paris.

Nous sommes heureux de trouver ici l'occasion de faire connaître le résultat si beau des travaux et des études de MM. Coignet. Nous signalerons de même,

(1) Des bétons agglomérés, 1 vol. in-8. Paris, E. Lacoix. 5 francs.

chaque fois qu'il y aura lieu, les inventions ou les innovations qui ont une valeur réelle : c'est, nous le croyons, rendre service à nos lecteurs et en même temps aux hommes de mérite qui, trop souvent, paient fort cher une publicité qui produit peu, précisément parce que le public sait qu'elle est payée et qu'il n'y ajoute que peu de confiance.

## CHAPITRE VI.

**Vidange des fosses fixes, à la pompe, au seau. — Fosses dangereuses. — Précautions à prendre et outillage. — Transport des matières.**

Comme il peut arriver, et qu'il arrivera, qu'un agriculteur, propriétaire ou fermier, soit peu expérimenté en fait de travaux de vidange, et qu'il se trouve, cependant, dans la nécessité d'en opérer de diverses sortes, nous croyons indispensable de donner quelques notions sur ces travaux qui sont fort peu connus, et sur lesquels, jusqu'à présent, personne n'avait songé à écrire un petit traité spécial.

La première chose à faire avant de vider une fosse fixe, étanche ou non, c'est de s'assurer depuis combien de temps elle ne l'a pas été ; il est utile aussi de connaître sa forme, son étendue, et il est indispensable de la sonder, afin de reconnaître la nature des matières dont il s'agit d'opérer l'extraction. Les ouvertures par lesquelles se fait le travail doivent avoir au moins $1^m,00$ sur $0^m,65$ de passage ; si elles étaient plus étroites, on les agrandirait, afin de prévenir des accidents. Il est bien entendu que, puisque nous nous adressons ici aux propriétaires eux-mêmes, ils devront toujours avoir ces renseignements en mémoire.

Il arrive, ce fait est excessivement rare, qu'au moment de l'ouverture d'une fosse, il y a inflammation subite des gaz combustibles qu'elle recèle. Lorsque ce phénomène se produit, il suffit de se coucher à terre jusqu'à la fin de la combustion, qui n'est jamais que de quelques secondes et qui n'offre aucun danger.

Si les matières sont assez liquides pour pouvoir être remuées, on verse le désinfectant et, au moyen du rabot en bois à long manche (fig. 4), on remue la masse dans tous les sens, de façon à bien mélanger le tout. Si la fosse était trop pleine, on ferait une allège, puis on désinfecterait le reste avant de l'extraire.

L'extraction peut se faire presqu'aussitôt après la désinfection, l'action chimique du désinfectant agissant promptement sur la matière.

Fig. 4.

Nous ne ferons pas la description de la pompe à vidange, ces machines sont connues de tout le monde : celle qui est le plus en usage est la pompe à double effet, dite à soufflets. Cependant, bien que presque toutes les pompes soient bonnes pour la vidange, si on devait pomper de forts *bottelages*, si la fosse était loin ou en contre-bas, la pompe devrait être solide et manœuvrée par des hommes vigoureux.

Les tuyaux doivent avoir de 8 à 10 centimètres de diamètre intérieur, ils sont en toile pour la plupart ; mais ceux qui doivent supporter une forte pression, doivent être en cuir ou en caoutchouc, cerclés de rosettes ou de fils de fer étamés ; les raccords sont en bronze, à bague et à pas de vis.

La partie du tuyau qui descend dans la fosse est garnie en bas d'une lanterne ou crépine, pour empêcher les corps étrangers d'engorger les tuyaux ; cette lanterne est maintenue dans les matières assez liquides pour pouvoir être aspirées.

Les matières peuvent être pompées dans toutes sortes de récipients : la tonne qui sert ordinairement à la vidange est la même, à peu près, que celle qui est employée dans les fermes au transport des engrais liquides, des purins ou pour l'arrosage. Toutes les tonnes peuvent être utilisées pour la vidange, en adaptant à l'arrière la bonde de décharge (fig. 5), analogue à la trappe des tonneaux de fosses mobiles, dont nous parlons plus loin. Garnie de filasse suifée, cette trappe est maintenue par une forte charnière ou plutôt par une sorte de penture avec gond et clavette forcée.

Fig. 5.

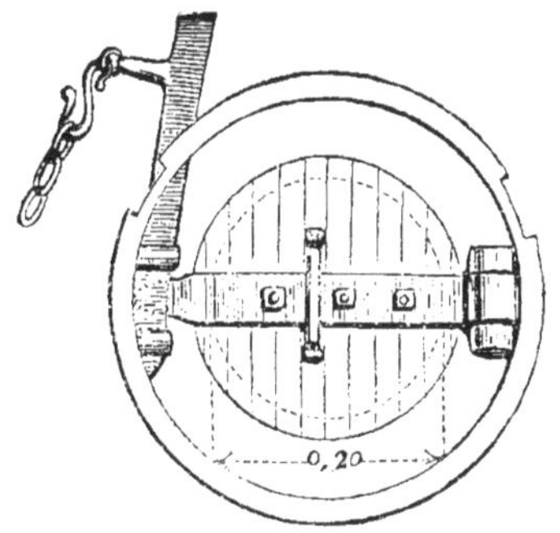


La bonde de charge, qui a une disposition analogue, se place aussi à l'arrière sur le dessus de la tonne ; chacune de ces ouvertures a environ 20 centimètres de diamètre intérieur. Autour de la bonde de décharge, on place une espèce de disque évasé, de 10 centimètres de saillie, afin d'éviter les éclaboussures pendant le dépotage.

Une bonne pompe, bien servie, débite deux mètres cubes de vidange en 10 minutes au minimum, quelle que soit la longueur des tuyaux. Dans les fosses où les eaux vannes sont en abondance, on enlève presque tout à la pompe, en remuant la masse avec des rabots pendant l'aspiration ; les résidus solides sont enlevés ensuite à la tinette.

Si les matières étaient trop solides pour être pompées, mais, cependant, assez liquides pour être enlevées à la tonne, on

Fig. 6.

placerait une trémie (fig. 6), sur celle-ci, et, au moyen de la hotte étanche (fig. 7) et du seau conique (fig. 8), on chargerait les matières dans cette tonne. Le hotteur assis sur un escabeau à trois pieds, appelé *poule*, reçoit dans sa hotte le contenu du seau, qui est descendu dans la fosse par une corde, appelée *chable;* puis, au moyen

Fig. 7.

d'une échelle, il monte sa hottée dans la trémie, et ainsi de suite jusqu'à la fin du travail.

Fig. 8.

Quand les matières doivent être enlevées au seau et à la tinette, soit à cause de leur consistance, soit pour d'autres raisons, elles sont versées dans les tinettes avec le seau au moyen du savetier (fig. 9), sorte de trémie en bois, garnie d'un tablier de cuir pour éviter de salir les tinettes. Les vidanges au seau, à la tinette et à la hotte se pratiquent encore à Paris et dans les environs.

Fig. 9.

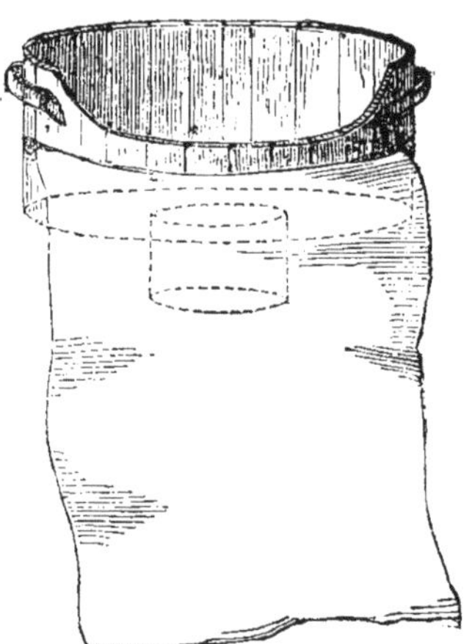

L'extraction des fortes matières est un travail très-pénible, les ouvriers étant souvent obligés de travailler à l'échelle, au milieu de vapeurs ammoniacales ; ce labeur peut même, à la longue, devenir dangereux pour la vue des hommes qui s'y livrent sans relâche; les maux d'yeux qu'ils y contractent et qu'ils appellent *la mitte*, sont calmés par des lotions d'eau fraîche et le repos.

On voit combien la vidange des fortes matières, c'est-à-dire le curage des fosses qui perdent les urines, est pénible et difficile à exécuter convenablement. Il en est de même, en général, des fosses d'un abord difficile ou qui sont mal construites; cependant, les ouvriers expérimentés font toutes les vidanges avec célérité et une propreté relative, quand ils sont munis d'un outillage convenable; mais si ces travaux sont répugnants et pénibles, la faute en incombe à l'incurie des propriétaires et à la négligence de certaines autorités, qui laissent se perpétuer des abus de construction et de mauvaise installation dans la plupart des villes; — état de choses préjudiciable aux locataires ou propriétaires, d'abord, aux entrepreneurs et aux ouvriers de vidange, ensuite, qui se trouvent avoir un travail plus dangereux et, par suite, plus dispendieux à exécuter.

Pour s'assurer si une fosse est mauvaise, c'est-à-dire, contient des gaz dangereux pour la sûreté des ouvriers, on y jette des papiers ou copeaux allumés ; si la fosse contient du gaz acide carbonique ou de l'azote libre, le feu n'y brûle pas ; dans le cas où il y a un excès de gaz combustibles, par exemple, de l'hydrogène sulfuré ou phosphoré, ces gaz sont brûlés ; mais dans les vidanges de fosses, dites en fortes matières et, en général, dans toutes les fosses suspectes, il est très-utile de se servir du fourneau de vidange (fig. 10) : rempli de charbons bien allumés, il est descendu dans la fosse où il s'éteint souvent sous l'action des gaz ; alors on le remonte et, après avoir rallumé les charbons, il est de nouveau descendu, jusqu'à ce qu'il s'y maintienne bien allumé. Souvent il est nécessaire de répéter plusieurs fois cette opération.

Le fourneau de fosse ne brûle ni l'azote,

ni l'acide carbonique, puisque ces gaz sont impropres à la combustion; mais il brûle les autres gaz combustibles des fosses ; il détermine aussi un appel plus ou moins énergique, selon les localités, et purifie assez le milieu pour que le séjour de l'homme y soit possible. Son emploi dans les vidanges difficiles est indispensable.

Fig. 10.

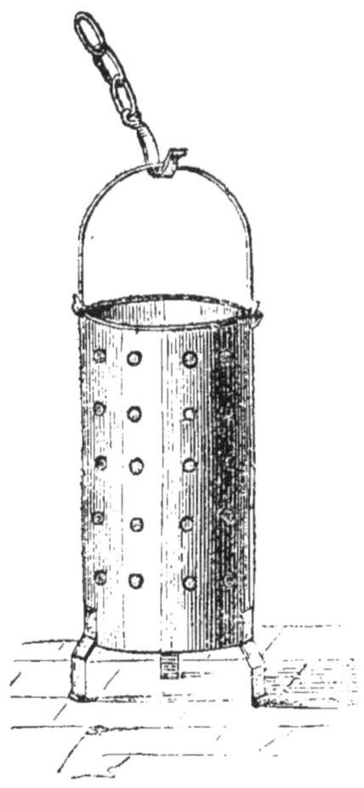

Il s'agit, dans les paragraphes précédents, de la vidange en grand ; mais, pour l'agriculteur, l'outillage nécessaire pour en opérer de toutes sortes, se réduit à des seaux, des tinettes, des échelles, une trémie, un savetier, un rabot, des cordes et des bridages de cuir, pour soutenir d'en haut les ouvriers qui descendent dans une fosse suspecte. Une pompe, des tuyaux, des tonnes valent mieux ; mais on peut s'en passer à la rigueur. Des bottes à hautes tiges et un habit spécial pour le travail, sont aussi très-utiles au vidangeur.

Les tinettes en bois ou en fer sont bouchonnées, lavées, chargées sur un véhicule quelconque et maintenues de façon à ménager le matériel, en évitant les chocs, etc. ; des voitures suspendues, des fourgons fermés seraient préférables. Chacun peut choisir son mode de transport suivant ses ressources ou sa convenance.

## CHAPITRE VII.

**La vidange dans une grande ville. — Fosses fixes et fosses mobiles. — Leurs installations. — Appareils diviseurs. — Réservoirs à liquides.**

L'organisation d'une entreprise de vidange dans un centre populeux est fort compliquée. Les travaux d'extraction, de désinfection, du transport, du dépotage, etc., se rattachent dans une grande ville à une foule de questions difficiles, dont quelques-unes demanderaient des développements dans lesquels notre cadre spécial ne nous permet pas d'entrer; mais comme l'agriculteur, voisin d'une grande ville, peut y opérer des vidanges avec avantage (il va bien chercher les fumiers inférieurs souvent à de longues distances, pourquoi ne prendrait-il pas le fumier humain plus à sa portée?), nous lui indiquerons les moyens qu'il peut employer pour arriver à de bons résultats.

Nous lui donnerons d'abord le conseil

de s'entendre avec quelques propriétaires et avec les autorités de la localité qu'il voudra exploiter, pour se procurer les matières dont il a l'emploi.

Les systèmes les plus usités aujourd'hui, à Paris, se réduisent à trois : 1° la fosse fixe en maçonnerie étanche ; 2° la fosse mobile ; 3° les diviseurs mobiles sur réservoirs.

Nous avons indiqué la construction et la vidange des fosses fixes, nous n'y reviendrons pas ; nous dirons seulement qu'à Paris, les eaux vannes sont le plus souvent écoulées dans les égouts à cause du prix élevé des transports.

Les fosses mobiles sont des tonneaux, tinettes ou récipients quelconques, en bois ou en métal, qu'on place ordinairement sous les chutes ou les siéges d'aisance. La forme de ces récipients et leur capacité, qui varient beaucoup, ont une grande importance pour l'usage sur place, les transports, etc. Les fosses mobiles, d'un volume commode et bien installées, conviennent parfaitement pour tous les usages, mais surtout pour l'agriculture à laquelle elles sont destinées à rendre de grands services. Faciles à surveiller, à désinfecter, à vider, le seul défaut sérieux qu'on leur reproche est de donner lieu à un trop grand mouvement de roulage ; cet inconvénient peut être évité, quand il y a lieu, par l'emploi des diviseurs.

Fig. 11.

Le tonneau A (fig. 11), de la contenance de deux hectolitres environ, est en merrain de chêne de 0,027 d'épaisseur, cerclé en fer, avec cercles à l'intérieur des jables ; les fonds sont munis en dedans de deux traverses en même bois, boulonnées ; il est bon de peindre ou de goudronner ces pièces en dedans et au dehors.

Fig. 12.

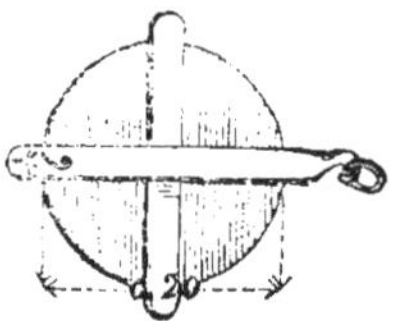


La trappe (fig. 12) est percée près du bord d'un des fonds, avec une scie à main, dite scie à voleur ; elle est coupée en biseau et ferrée d'un croisillon en fer méplat, dont une traverse forme moraillon à crochet.

Fig. 13.

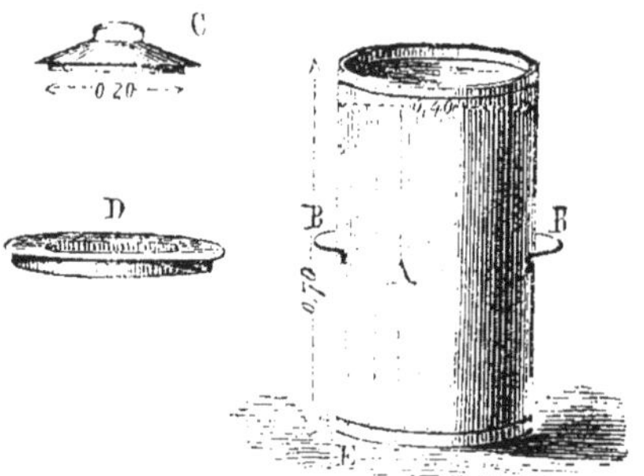


L'inconvénient des récipients en bois est de se dessécher et de laisser fuir les matières, lorsqu'ils sont posés dans des endroits secs ou qu'ils sont trop longtemps à se remplir.

La tinette cylindrique A (fig. 13) est en tôle galvanisée, cerclée en fer aux deux bouts ; elle est de la contenance d'un hectolitre environ ; les anses B servent au transport à bras ou à recevoir un *chable*, ou une courroie, dans lesquels on passe un *tinet*, bâton en forme de joug aux deux extrémités, pour le transport à dos d'homme. Le petit couvercle C entre à frottement dans le trou du grand couvercle D, qui est fixé ordinairement à demeure sur la tinette.

Ces récipients sont légers, commodes et faciles à nettoyer : on peut en faire établir en zinc, en tôles fortes, vernies ou simplement peintes à l'huile en dedans et en dehors ; mais elles ne valent pas celles qui sont en tôle galvanisée.

Les fosses mobiles en métal sont de beaucoup préférables à celles qui sont en bois ; elles sont moins coûteuses, plus légères, fuient rarement et sont plus commodes à réparer. On peut, au surplus, varier leur forme et leur contenance ; mais celles que nous indiquons sont encore ce qu'il a été trouvé de mieux jusqu'à présent. Les baquets doivent être proscrits absolument, tant à cause de la difficulté de les transporter, que pour la surface qu'ils offrent au contact de l'air ; de plus, ces baquets se détériorent et fuient trop facilement.

Quel que soit le récipient qu'on adopte pour servir de fosse mobile, il est indispensable de l'installer convenablement, c'est-à-dire de manière à ce que les émanations n'en affectent pas l'odorat, qu'il soit facile à enlever et à nettoyer.

Le caveau (fig. 14 et 15) est construit sur les 4 faces en moellons, briques ou meulières, hourdés en mortier de chaux, en plâtre, ou même en terre franche ; le radier est imperméable et disposé en forme de cuvette A, avec un solin de 0m,40, en ciment, au pourtour du caveau. Les barres de fer B sont destinées à soutenir le récipient C, et à l'isoler du contact des

Fig. 14.

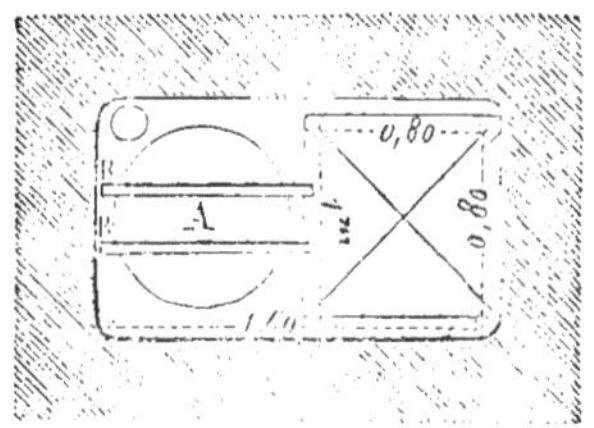

matières, qui pourraient tomber dans la cuvette A, par suite de trop plein ou de fuites imprévues; ces matières sont facile-

Fig. 15.

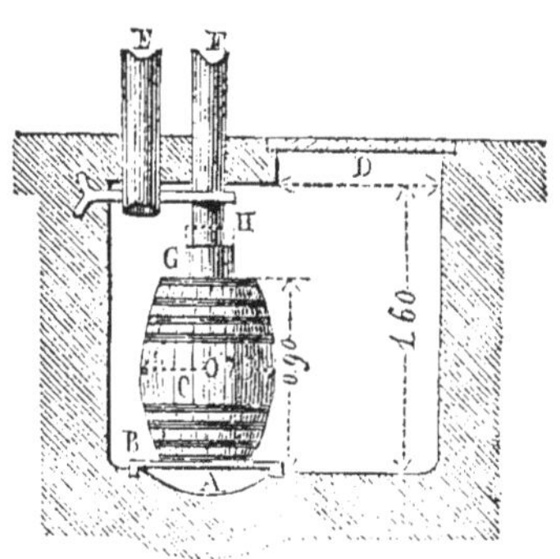

ment ramassées, s'il y a lieu, au moyen d'une écope; le caveau est lavé et il n'y reste pas de mauvaise odeur.

Il est toujours bon de voûter ces caveaux; mais on peut y faire un plancher avec solives apparentes, en bois ou en fer. Le trou d'extraction doit être, autant que possible, au dehors des habitations et même des cabinets; ce trou est fermé par une bonne trappe en bois D, avec châssis de bois ou de pierre ; la trappe d'extraction n'a pas besoin d'autre ferrure qu'un anneau entaillé. Il est utile de ventiler ces caveaux, soit par un soupirail, soit par un tube d'aération E, en poterie, de $0^{m},22$ de diamètre intérieur.

La chute F, qui amène les matières du siége dans la fosse, ne doit pas descendre jusque sur le récipient, mais elle doit s'arrêter un peu au-dessus, pour qu'on puisse retirer la pièce C, sans endommager la chute ; l'intervalle est rempli par un manchon en zinc G, qui est remonté en H, lorsqu'on veut retirer le tonneau de dessous la chute.

Un caveau construit de cette façon peut desservir jusqu'à trois cabinets, placés sur le même plan ; il peut être établi pour 50 ou 60 francs dans presque tous les pays, soit à la campagne, soit à la ville.

On peut installer des fosses mobiles dans des caves, à rez-de-chaussée, sous un escalier et même aux étages supérieurs des maisons, en prenant les précautions suivantes, qui sont très-simples, mais que nous ne saurions trop recommander : toujours placer le récipient sur un sol rendu imperméable et disposé en forme de cuvette avec deux barres de fer. Le réduit où est la tinette, doit être distinct des cabinets et d'un accès facile. Il doit être ventilé par une prise d'air sur l'extérieur ; les récipients doivent être faciles à manier, c'est-à-dire plutôt petits que grands ; enfin, tous les accessoires, y compris les siéges, doivent être tenus dans un parfait état de propreté.

Les appareils diviseurs sont des récipients de fosses mobiles, munis intérieurement d'un filtre quelconque. Les matières mixtes reçues dans ces appareils sont divisées, c'est-à-dire que les résidus solides restent dans la tinette; les liquides s'en échappent par un tube placé à la partie inférieure du récipient à filtre et sont reçus dans des réservoirs ou des fosses, d'où ils sont extraits ensuite à la pompe, après avoir été désinfectés. On place souvent le diviseur sur un tonneau couché B (fig. 16), ou même sur une tinette debout,

Fig. 16

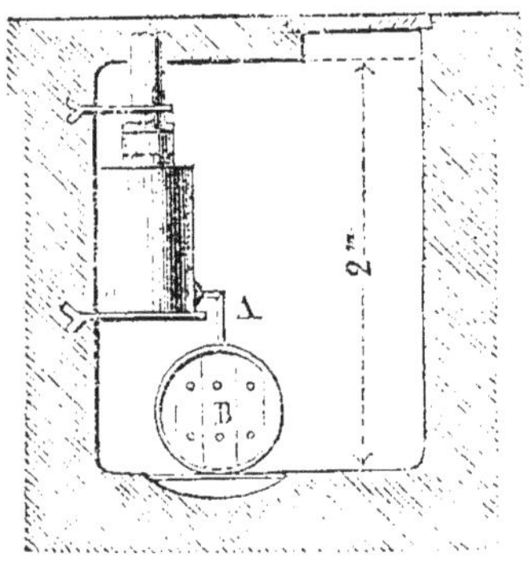


lesquels font l'office de réservoirs et reçoivent les liquides, lorsqu'on veut éviter la construction d'une fosse-réservoir, ou que la production des eaux vannes est peu abondante.

Une tinette diviseur est munie intérieurement du filtre (fig. 17), sorte de crible en tôle galvanisée, dont les trous ont 6 à

Fig. 17

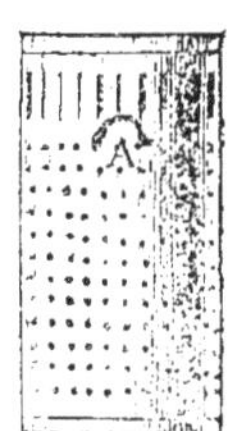

8 millimètres de diamètre. Ce filtre n'occupe qu'environ le 1/3 de la circonférence intérieure de la tinette ; il est cintré légèrement, de manière à ne laisser qu'un intervalle de 4 à 5 centimètres entre lui et la paroi intérieure. Il est fixé au moyen de deux coulisses dans lesquelles il glisse, afin de pouvoir être enlevé par sa poignée saillante A, et nettoyé facilement.

Au bas de la tinette diviseur (fig. 18), se trouve une tubulure de $0^m,04$ de diamètre, destinée à laisser écouler les liquides ; cette tubulure reçoit le col de cygne A, au moyen d'une douille en bronze, à bague et pas de vis, ou, plus simplement, fermée à baïonnette.

Le fond supérieur des tinettes diviseurs est composé de deux pièces mobiles (fig. 5, p. 55), afin de faciliter le dépotage des matières solides, qui sont toujours plus ou moins adhérentes, et le nettoyage des pièces de l'appareil.

Les diviseurs se placent sous les chutes, exactement de la même manière que les fosses mobiles, dont ils ne sont qu'une variété ; la seule différence consiste à les placer de façon à ce que les liquides puissent s'écouler facilement jusqu'aux récipients ou fosses destinées à les recueillir.

Ces appareils offrent de très-grands avantages pour l'agriculture, en simplifiant beaucoup la vidange ; leur peu de volume permet de les installer partout facilement ; la division des matières est, en outre, un obstacle à la mauvaise odeur produite souvent par la fermentation des déjections mêlées et stagnantes, fermentation qu'il n'est pas facile de prévenir.

La fig. 18 représente un appareil diviseur posé sur un réservoir à liquides ; il est évident que cet appareil peut être placé à une distance quelconque du réservoir, c'est une affaire de tuyaux et de

Fig. 18.

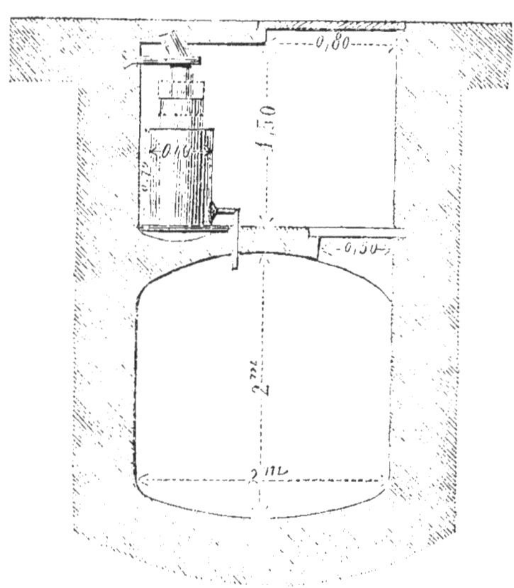


pente ; nous recommandons, cependant, de ne mettre que des tuyaux de 6 centimètres de diamètre intérieur au minimum, et de préférence en plomb, ce métal étant peu attaquable par les urines, et de leur donner la plus grande pente possible. Des drains bien cuits, bien lutés aux collets, produiraient un bon résultat, pourvu que la pente soit forte.

On peut donner aux réservoirs à liquides la forme et l'étendue qu'on voudra, sans aucun inconvénient. Ces fosses, qui existent en grand nombre à Paris, peuvent être de la contenance de 1 à 100 mètres cubes ; on les construit en maçonnerie étanche, briques ou moellons, ils se ferment avec une dalle légère ou une petite trappe en forte tôle imprimée au minium.

On place souvent dans le réservoir un tuyau d'aspiration, en plomb, muni, à sa partie supérieure, d'un raccord à vis ; ce raccord, placé à rez-de-chaussée dans un endroit commode, reçoit le tuyau de la pompe au moment de la vidange. C'est aussi par le tuyau d'aspiration que le désinfectant est versé dans le réservoir où il est rarement nécessaire de descendre.

## CHAPITRE VIII.

**Vidange des fosses mobiles et diviseurs. — Désinfection et transport. — Récoltes des urines. — Époque des vidanges agricoles. — Les indicateurs et les ventilateurs. — Établissement des siéges d'aisance.**

Les fosses mobiles et les diviseurs conviennent non-seulement aux villes petites ou grandes, mais à toutes les localités. On peut, nous le répétons, les installer partout, dans toutes les maisons, ou sur la voie publique. Leur construction, bien comprise, nécessite peu de frais ; elles ne demandent qu'un peu de propreté pour être d'un excellent et long usage ; elles ne laissent rien à désirer sous le rapport de la salubrité et des intérêts de l'agriculture.

Les réservoirs pour les liquides provenant des diviseurs, sont très-faciles à vider ; le désinfectant agit parfaitement sur les eaux vannes, qui sont, d'ailleurs, peu odorantes ; on les pompe dans des tonnes, des tinettes ou des fûts quelconques ; le dépôt, qui se trouve au fond des réservoirs, est un petit *bottelage* qui vient bien à la pompe. Ces liquides, plus ou moins étendus d'eau, constituent un engrais de premier ordre.

La vidange des appareils diviseurs et des fosses mobiles consiste simplement à retirer la pièce de dessous la chute, à fermer cette pièce et luter le pourtour du couvercle ou de la trappe avec de la glaise. Le récipient se retire du caveau avec une chèvre à trois pieds et un palan, si elle est lourde, ou avec un simple chable, si elle est légère. On la bouchonne et on la lave, si elle en a besoin, puis on la charge couchée sur un haquet ou debout sur un véhicule quelconque.

Cette opération faite, le caveau est nettoyé, et on replace sous la chute une pièce vide, dans laquelle on verse les eaux et les matières provenant du nettoyage, s'il y a lieu.

Pour l'appareil diviseur, l'opération est la même que pour les fosses mobiles, avec cette différence que la tubulure du col de cygne doit être bouchée pendant le transport.

La désinfection des fosses mobiles est des plus faciles ; elle peut se faire de temps en temps par les locataires, ou bien au moment de l'enlèvement du récipient, ou enfin au dépotoir. Il nous semble superflu de recommander d'éviter les désinfectants acidulés pour les récipients métalliques ; il est évident que, sous leur action corrosive, les métaux seraient rongés et hors de service en peu de temps.

Les urines ayant une grande valeur agricole, on peut s'en procurer en quantité de la manière suivante :

Une tinette A (fig. 19) est placée dans l'endroit le plus convenable, c'est-à-dire, à la place où les passants s'arrêtent de préférence ; cette tinette est enfermée sous un petit caisson en menuiserie, au devant, ou sur le côté duquel on a mé–

nagé une petite porte pour les rechanges de la tinette. La bavette B est garnie en plomb ou en zinc, et couverte pour empêcher les eaux pluviales de remplir la tinette. La chute des urines C est fermée, au besoin, par une crapaudine, afin d'empêcher les engorgements.

Fig. 19.

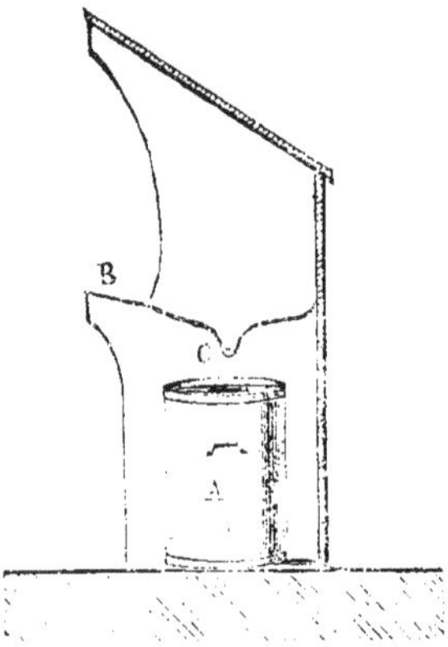

Ces urinoirs peuvent être placés dans les endroits fréquentés, près des cabarets, des théâtres, dans certains angles, partout enfin où ils peuvent être utiles et productifs. Il est clair que les urines, au lieu d'être reçues dans une tinette spéciale, peuvent être conduites dans la fosse ou le réservoir d'une maison voisine, au moyen de tuyaux. Près des cabinets publics, ces urinoirs sont excellents ; il faut les entretenir en bon état de propreté, comme tout ce qui a rapport à la vidange.

Les urinoirs en ardoise, en fonte émaillée, etc., placés et coulant sur la voie publique, à Paris, sont désinfectés avec du chlorure de chaux ; mais ce procédé est mauvais pour l'agriculture, parce qu'il dégage l'ammoniaque. Les tonneaux coupés, les tinettes ou baquets en bois sentent mauvais et sont, selon nous, d'un mauvais usage.

Les agriculteurs pourront donc se procurer toujours et en tout temps la somme d'engrais humain nécessaire à l'étendue quelconque de leur exploitation, en tenant compte de nos indications. C'est à eux de trouver des fosses à vider et des endroits favorables pour l'établissement des diviseurs, fosses mobiles ou urinoirs ; qu'ils s'entendent avec les autorités municipales et avec les propriétaires ou locataires principaux de maisons situées dans le rayon le plus à leur convenance. Ces autorités et ces personnes ne demanderont pas mieux, sans doute, que de faciliter la récolte d'engrais (qui sont pour eux une cause d'embarras), en payant une partie, sinon la totalité, des frais de premier établissement des fosses et de la vidange. Les cultivateurs, assez intelligents et assez instruits pour entrer dans cette voie, en seront largement payés.

Tous les modes de vidanges que nous indiquons peuvent être pratiqués en petit ou en grand, suivant les ressources de chacun, et cela en temps opportun. Les travailleurs et les attelages de la ferme pourront toujours récolter les vidanges dans la saison d'hiver ou à des époques déterminées à l'avance. Nous n'avons pas à indiquer ces époques : c'est l'affaire du chef d'exploitation de distribuer ses travaux de manière à en tirer la plus grande somme d'utilité possible.

Une fosse mobile de 200 litres peut, sans être changée, servir pendant deux ou trois mois à une famille de cinq personnes. Si on tient compte des allées et venues, un appareil diviseur, posé sur un petit réservoir ou une pipe à liquides de 400 litres peut mettre 5 à 6 mois à s'emplir dans les mêmes conditions ; il est facile de trouver avec ces données pratiques tous les autres rapports de même nature qu'il serait utile de déterminer (1).

Nous ne terminerons pas ce traité sans dire quelques mots des indicateurs, des ventilateurs et des meilleures dispositions à donner aux siéges d'aisance.

Les indicateurs sont des appareils au moyen desquels on cherche à se rendre compte, sans l'ouvrir, du niveau des matières dans une fosse d'aisance ; il y en a de très-compliqués qui n'en valent pas mieux pour cela ; le plus simple de tous est une tige de fer rond, de 6 à 8 millimètres de grosseur, en fer galvanisé, ou

(1) Voyez, au surplus, le chapitre I<sup>er</sup>.

simplement imprimée au minium. Cette tringle porte une tête plate à sa partie supérieure, laquelle est entaillée à fleur du dessus du tampon. Sa longueur est la distance comprise entre le dessus du tampon et la moitié de la retombée de la voûte (voyez E, fig. 3, page 48). On retire l'indicateur de temps en temps ; lorsque la vanne mouille sa pointe, il est temps de vider la fosse. Les flotteurs ne réussissent pas ou fonctionnent mal, à cause des insectes et d'autres difficultés pratiques. On s'assure du niveau des matières des fosses mobiles et des appareils diviseurs, en relevant le manchon à coulisse et en regardant dans le récipient.

Quant à la ventilation des fosses, c'est une question très-délicate, qui demanderait beaucoup de développements : les moyens que nous avons indiqués sont généralement employés à Paris, mais ils sont souvent insuffisants (1).

(1) Nous renverrons, pour ces questions, aux ouvrages de M. d'Arcet, à ceux du général Morin, etc.

La mauvaise odeur des siéges d'aisance provient souvent de vices de construction, mais presque toujours de la malpropreté avec laquelle ils sont tenus. Les cabinets ne doivent être ni trop petits ni trop grands, être bien éclairés et ventilés. Le plancher bas d'un cabinet commun doit être imperméable et disposé de façon que les liquides soient conduits dans la fosse et non au dehors ; le pourtour de ces cabinets doit être revêtu d'un enduit imperméable, arrondi aux angles ; le siége doit être peu élevé ou même à raz du sol ; ce dernier se nomme siége à la turque. Certains siéges à bascule en fonte sont d'un bon usage pour les cabinets communs. Si la tablette du siége est en bois ou en pierre, on en garnit le dessous avec un pot en fonte émaillée.

La tablette d'un siége quelconque doit être peinte en dessous, et munie d'un larmier au pourtour de la lunette, ce qui a pour but d'empêcher l'infection et la pourriture de cette partie, qu'il n'est pas possible de nettoyer. Avec une installation bien comprise et un peu de propreté, les siéges et les cabinets communs les plus fréquentés n'ont pas de mauvaise odeur.

Quant aux garde-robes dites à l'anglaise, avec ou sans effet d'eau, elles sont d'un parfait usage pour les siéges privés ou d'appartement. La fabrication de ces appareils constitue une industrie importante ; les inventions et les systèmes de garde-robes sont en si grand nombre, que nous ne saurions en recommander aucune en particulier. Celles qui sont montées sur cristal et, en général, les plus simples sont les meilleures, quand elles sont solides, les matières et les gaz des fosses ayant une action très-destructive sur les métaux.

FIN.

# TABLE DES MATIÈRES

FIN DE LA TABLE.

Saint-Nicolas, près Nancy. — Imp. de P. Trenel.

www.ingramcontent.com/pod-product-compliance
Ingram Content Group UK Ltd.
Pitfield, Milton Keynes, MK11 3LW, UK
UKHW022051170726
13837UKWH00002B/890

9 782329 60980